· 我的数学第一名系列 ·

一场足球引发的争吵

［意］安娜·伽拉佐利　著

［意］加亚·斯泰拉　绘

王筱青　译

中信出版集团｜北京

图书在版编目（CIP）数据

一场足球引发的争吵 / (意) 安娜·伽拉佐利著；
(意) 加亚·斯泰拉绘；王筱青译. -- 北京：中信出版
社, 2021.2
（我的数学第一名系列）
ISBN 978-7-5217-2580-3

Ⅰ.①一… Ⅱ.①安…②加…③王… Ⅲ.①数学 –
儿童读物 Ⅳ.①O1-49

中国版本图书馆CIP数据核字(2020)第253886号

一场足球引发的争吵
（我的数学第一名系列）

著　者：［意］安娜·伽拉佐利
绘　者：［意］加亚·斯泰拉
译　者：王筱青
出版发行：中信出版集团股份有限公司
　　　　　（北京市朝阳区惠新东街甲 4 号富盛大厦 2 座　邮编　100029）
承　印　者：天津海顺印业包装有限公司分公司

开　本：889mm×1194mm　1/24　　印　张：5.25　　字　数：120千字
版　次：2021年2月第1版　　印　次：2021年2月第1次印刷
京权图字：01-2020-0163
书　号：ISBN 978-7-5217-2580-3
定　价：33.00元

出　品：中信儿童书店
图书策划：如果童书
策划编辑：安虹　　　　责任编辑：房阳　　　　营销编辑：张远
装帧设计：李然　　　　内文排版：思颖

献给那些全力以赴学习以及孜孜不倦教书的人

目录

早餐里的数学

数学是每一个人的朋友，即使是那些不把数学当朋友的人（他们中很多人甚至很讨厌数学）。我小时候也是这样，那时我的数学学得不好，所以不喜欢数学。但现在数学是我最喜欢的科目。我还想教弟弟学数学，他已经会识数，今年还学会了做运算——当然是那些最简单的。

早上，我和弟弟起床后吃早餐的时候，如果饼干只有 11 块，为了不吵架，我会偷偷吃掉一块，这样每人就可以分到 5 块，我们就能和和气气的。（我们是兄弟两个，遇到饼干数是奇数的时候，不能平均分就有可能会吵架。）

有一次我是这么做的：我先分给自己一块，然后分给他一块，再分给自己一块，然后再分给他一块……就这样我把最后一块分给了自己。最后，11 块饼干，我有 6 块他有 5 块。弟弟没反应过来。妈妈却批评了我，说我糊弄弟弟。从那以后，如果饼干的数量是奇数，我就先把一块平分成两半，这样如果有 11 块，我们每个人就有 5.5 块。

可弟弟不明白这个带小数点的数字的意思，没准他会觉得是

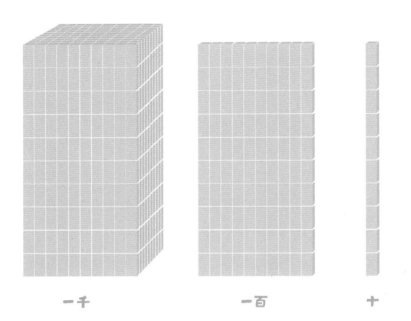

一千　　　　　　　　一百　　　　　十　　一

先有 5 块然后再有 5 块，所以我想给他解释明白。

他只认识个位、十位、百位和千位数，就像老师给我们画的这几个巧克力的图一样。

弟弟不知道还有比 1 小的数位。把一块巧克力平均分成十份，每一份就叫作这块巧克力的十分之一！这是我画在笔记本上的图：

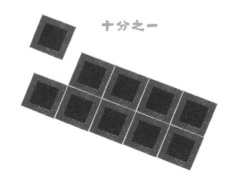

十分之一

所以，5 块十分之一的巧克力就等于半块巧克力。

在你生日那天，你可以吃两个整块的和一个半块的巧克力。在老师给你布置的作文里，你就可以写你吃了 2.5 块巧克力。小数点后面的 5，代表的是 5 个十分之一，因为个位的右边是十分位。在 2 和 5 之间必须要点上小数点，不然就成了你吃了 25 块巧克力。（真那样的话，你肚子肯定会特别疼！）有意思的是，有时候人们不喜欢用点表示小数点，改为用逗号代替，就像很多欧洲国家那样！

我想用饼干给弟弟解释什么是十分之一，但是当我把一块饼干分成十份的时候，它们全都碎成渣了……还有些块大有些块小。分成的每个十分之一必须都是一样大的，不然就只能说分成了几块，就不能说每一块是整个儿的十分之一了。记住这点！

一欧元的百分之一

要得到百分之一，就要把 1 平均分成 100 份，对此我没办法用巧克力解释。（因为只有超人才能把一块巧克力分成大小一样的 100 块！）所以，我决定用欧元解释。

这是 *1* 欧元

这是 *1* 欧分
（简写作分）

100 枚 1 欧分的小硬币等于 1 欧元（它们可沉了，没准会把你的衣兜坠个大洞出来）。

在数字中，百分位在十分位之后。如果你去超市，在卖饼干的地方就会看到：

2.54 欧元

它的意思是，一包饼干的价格是 2 欧元 54 欧分。

幸运的是，还有比 1 欧分大的硬币：10 欧分、20 欧分和 50 欧分（半欧元）。

10 欧分正好是 1 欧元的十分之一。买报纸（售价 1 欧元）的时候你既可以付 1 个 1 欧元的硬币，也可以付 10 个 10 欧分的硬币，都是一样的（没准你付 10 个硬币卖报纸的人会更开心，这样他就有很多零钱找给别人了）。

下面这些是欧元中的所有硬币：

所以，去超市买饼干时，你可以有很多种付款方式。

我去文具店花了 3.66 欧元，结账时我给了 5 欧元的纸币和 16 欧分的硬币，这样只需要找给我 1.5 欧元，也就是 1 欧元和 50 欧分的硬币各 1 枚，这样零钱包就不会被装得鼓鼓囊囊的了！

如果你愿意，我也给你出道题，比如（你可以试着练习一下）：你要付 3.66 欧元，你给了 5 欧元，请问找回来的钱最少能有几枚硬币？

我也会向弟弟提问题，有时候他会算一下，再好好回答我，但有时候他却会对我说：“你又不是我老师！”

必须要小心小数

希望你不要跟我一样，题算错了自己还意识不到。

老师问："0.8 的二倍是多少？"我马上答道："0.16！"

显然这是不对的，0.8 的意思是 8 个 1/10，而 0.16 是 16 个 1/100，看起来很多，实际上却少了很多！

想要算得安稳、保险、不再闹笑话，如果你要比较两个小数，最好这么写：

0.80 和 0.16

把它们小数点后相同的数位对准，你就能放心地把百分位跟百分位比，而不是用苹果去和梨比！

这么一比你马上就能明白，0.8 的二倍不会是 0.16，而是 1.6。老师教给我们一个很聪明的规律，把两个数相乘时可以用到：一般情况下，数一数这两个数小数点后一共有多少位，那么，它们相乘的得数的小数点后也一定会有那么多位。

（在我算的这个乘法算式里，只有一位小数，所以结果里也

$$\begin{array}{r} 0.8 \\ \times\ 2 \\ \hline =1.6 \end{array}$$

只会有一位小数。）

    我把这个规律告诉给弟弟，但是他玩乐高玩得正起劲，就说他明天会弄明白的。

    （明天我要让他做这个练习：3.25 乘以 15.2。他应该可以算出来，希望如此。）

买礼物

下周六是马蒂亚的生日，我和比安卡、贝亚特丽切、卢卡去给他买生日礼物。去年，我们送给他一块表，这次我们选了一个非常棒的模型——一艘带舷窗的宇宙飞船。它的价格是 18.8 欧元。比安卡拿出一张 5 欧元的纸币，我们另外三人算了算剩下的部分，每个人拿出了 4.6 欧元。出了商店，我们三个人又把比安卡多拿的部分还给了她（尽管她不想要，因为她特别大方），所以，我们每个人拿的钱是一样多的。

我有一个特别聪明的想法——这是一个很好的练习，可以让弟弟来做！我们三个每个人应该还给比安卡多少钱呢？（要是他做不出来，我可以帮他。）

我们的老师也是这样：如果前一天她遇到了什么问题，第二天就会讲给我们听，让我们来解决！

让小数点消失

我觉得除法是最难的运算（比安卡也这么认为）。如果你把一个数字除以一个带小数点的数字，那就更麻烦了。为了给弟弟解释明白，我想到了用纸片和剪刀做一个数学实验（这是我跟老师学的）。

我对他说：如果你有一个长 15 厘米的纸条，现在想要把它分成许多 2.5 厘米长的纸片，问能分多少片。也就是说你要计算：

$$15 \div 2.5$$

你用剪刀把纸条剪成长 2.5 厘米的纸片，会发现一共能剪出 6 片来。

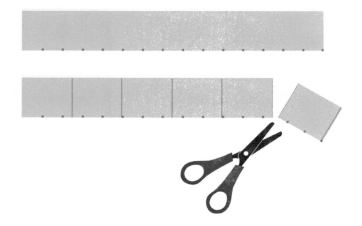

你可以这么写：

$$15 \div 2.5 = 6$$

被除数　　　　　除数　　　　商

因为不能总通过剪纸片算题，所以你最好学会这条规则：试着让除数的小数点消失，这样就能顺利地做除法了。

"让小数点消失"并不是让你施魔法，而是让你把 2.5 乘以 10，但是要注意，你也要同时把 15 乘以 10，不然就乱套啦：

$$150 \div 25 = 6$$

看，这就简单多了，很容易就能得出结果。

老师也这样说：把被除数和除数同时乘以你想要的任意数字（0 除外），结果是不变的。

拯救弟弟的数学得分

如果你对我弟弟说"除以"这个词，他马上就会想到一个得数会比原来小的运算，可他是错的，绝对的！我要给他解释一下，不然的话，他的分数可能会低得惨不忍睹！（他在画画上已经拿了一个低分了。）他认为一个数字除以另外一个数字，被除数会变小，因为他联想到了平分糖果、巧克力或者万智牌①的情景。就像当老师问道："如果盘子里有 20 块点心，4 个小朋友平分，每人能分到多少块呢？"每个小朋友得到的当然会比 20 块少——他们每人能得到 5 块点心，小朋友越多每个人分到的就越少。

$$20 \div 4 = 5$$

我过去也和他想法一样："如果一个数字除以另外一个数字，它当然就会变小！"

直到后来，老师给我们出了这道题："如果我把一条 10 米长

①世界上第一款集换式卡牌游戏，1993 年由美国数学教授理查·加菲设计。——编者注

12

的绳子截成段，每段长半米，一共能截成多少段？"因为半米写作 0.5 米，所以要做的除法是：

$$10 \div 0.5 = 20$$

结果是 20，是 10 的 2 倍!

在一条 10 米长的绳子上可以截出 20 段半米长的绳子，这是理所当然的! 几乎人人都知道，上面这个算式也正说明了这点。所以说，数学是十分可信的。

而且除数越小，结果就越大! 你再算一下就明白了：

$$10 \div 0.25 = 40$$

如果你不想忘记已经学会的东西，最好把它记在本子上。你可以这么写：如果除数小于 1，那么除得的结果会大于被除数。（数学家管这种能记在本子上的东西叫作法则。）

越来越小！

同样出人意料的事情也发生在乘法上。你可能会觉得把一个数乘以另外一个数，结果会变大。可有时你会发现它反而变小了。我之所以知道这个，是因为我正在教弟弟乘法表里有关 4 的部分，我想到用我们俩郊游时带的饼干为例解释给他听，就是那种他很喜欢吃的巧克力夹心饼干。

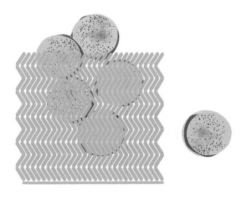

我们一天会带上 4 包饼干：每人一包作为上午的点心，再每人一包作为下午的点心。

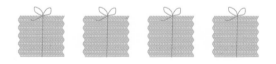

所以，如果郊游只有一天，只要 4 包就够了；如果是两天就需要 8 包，如果是三天就需要 12 包……就跟乘法表的口诀一样！

$4 \times 1 = 4$

$4 \times 2 = 8$

$4 \times 3 = 12$

弟弟很认真地听着我讲，突然他问我："要是只有半天，该用哪个口诀？"

我绞尽脑汁想了一分钟，终于有了主意："因为半天可以写成 0.5，所以你要做的乘法是：

$4 \times 0.5 = 2$

"所以，半天的话只需要 2 包饼干。我亲爱的爱较真的弟弟，虽然结果比 4 小，但按照规则就是这么多。"

除法是只神奇的大手

要形容一个东西特别有用，奶奶会说它"像只神奇的大手"。我觉得除法也是一只神奇的大手，它能在很多方面帮上忙，甚至玩游戏时也不例外！昨天在马蒂亚的派对上，我们玩了"猜猜这个人是谁？"的游戏，在这个游戏里一个人提问题，另一个人则回答"是"或者"不是"。谁用最少的问题猜出神秘人的名字，谁就赢了。比安卡很厉害，她只用了 4 个问题，就猜出了萨拉的名

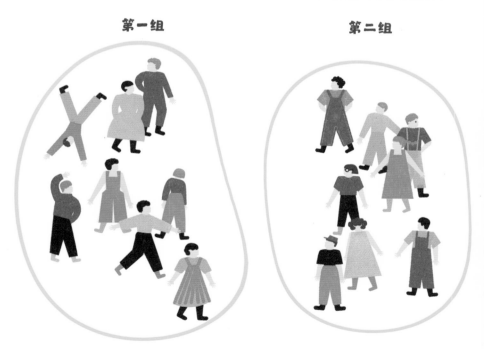

第一组　　　　　　　　　　第二组

字，而萨拉正是我从我们 16 个人里选出的"神秘人"。

比安卡是这么做的：她把我们分成了两组，每组 8 个人。

然后她问：这个人是不是在第一组？我回答"不是"，所以她先删掉了第一组。然后比安卡把第二组又分成了两组，每组 4 个人。

第一组 第二组

然后她又问：这个人是不是在第一组？我回答"是"，于是她把第一组又分成了两组，每组 2 个人。

第一组 第二组

　　她又问了相同的问题："我要找的这个人，是不是在第一组？"我回答"是"，所以她又把第一组一分为二，这时每组就只有一个人了。

马尔科 萨拉

这时，她问道："是马尔科吗?"我回答"不是"，所以她知道了这个人是萨拉。她赢得了游戏，因为她只问了 4 个问题，而在她之前提问的人问的问题比她多多了。

太聪明了! 比安卡甚至还说，就算参加游戏的人有 1024 个，也只要问 10 个问题就够了。我试了试，发现她说得对。你也可以试试。谁知道她是从哪儿学到这个方法的，我觉得她是看了她爸爸妈妈的书。(明天我也想在我的习题书里找一找，没准能找到些什么……)

谁家的车更快

马尔科做除法做得很好，基本上不会出错，但是他解答问题却很不好，因为他从来不好好思考。他解题的时候会把所有的运算都试一遍，直到答案跟书上的一样为止。可是，没有答案的时候该怎么办呢?

我觉得，最重要的不是要知道怎么做除法，而是要知道什么时候需要做除法! 毕竟除法可以用计算器去算（哪怕是偷偷的），但是要搞清楚解题时是否需要用到除法，这点可没人能帮你（尤其是只有你自己一个人的时候）。另外，我还注意到，很多问题都要用到除法（相信我，总会用到的），而且还不光是在做学校的习题时! 比如，马尔科说，他家的车比我家的快：他爷爷家和他家的距离是 320 千米，他们开车去爷爷家要用 2.5 个小时。而我和弟弟跟着爸爸妈妈到卢卡的叔叔家，总共是 420 千米，需要 3.5 个小时。到底谁家的车更快?

　　为了避免我们一直在那里争来争去,只需要做两个除法算式(他也同意了):

$$320 \div 2.5 = 128 \text{(千米/小时)}$$
马尔科家车的速度

$$420 \div 3.5 = 120 \text{(千米/小时)}$$
我家车的速度

　　(确实是他家的车比较快,但只快一点点。)

　　这就是为什么我很喜欢数学,因为有了数学我就可以不用跟朋友吵架。我觉得人们发明数学就是为了这个。

主观、客观，
听起来很押韵

　　我把数学可以帮朋友间和平相处这件事告诉了老师。于是，老师给我们讲了一个特别棒的故事，如果你能理解它的意思，就不会再跟任何人吵架了！我也给你讲讲。比如我和马尔科正在看一辆汽车，我们说了下面这些话：

　　虽然这么说很奇怪，但是这两句话其实属于两个类别，两个特别不同的类别。（就像它们一个是火星人，一个是地球人！）

老师说："'这是一辆法拉利'，这个事实是明明白白写在车子上的，是我们正在讨论的事物本身的一个属性，叫作客观属性。而'这辆车真漂亮'，是在说一个人的品位，也就是说话人的主观想法，叫作主观属性。它们是完全不同的属性！对于客观属性，总有方法可以检验一个人说得是否正确，只要查看一下事物本身或者说明书就可以，所以，人们并不会因此吵架。而对于主观属性，因为每个人都不同，都有自己的观点，每个人都可以表达自己的想法，所以也不应该为此吵架——每个人的意志都是自由的！"（她就是这么说的：意志！）

于是我们做了一个牌子在教室里：

最后，我们每个人都写了两个句子，一个主观的，一个客观的。你也可以试着写一下。

美元换欧元

　　周一，我和弟弟很早就离开了学校，到机场去接从纽约来的叔叔婶婶一家。他们会在这里待一周，我们会陪他们一起去参观古罗马的遗迹。堂弟一来，弟弟总是想时时刻刻跟他待在一起，连球场训练都不去了。他给堂弟看他所有的玩具，给堂弟讲他在漫画书里看到的好笑的故事，还要跟堂弟一起搭乐高积木。

　　堂弟很开心，今天他想要进城去买一个礼物，送给他的同学玛丽安。我们一件接一件地看了很多 T 恤衫，但是堂弟拿不定主意是买上面印着斗兽场的，还是印着西斯廷小教堂的天使的。最后，他决定明天再回来买。但是他身上没有欧元，只有 26 美

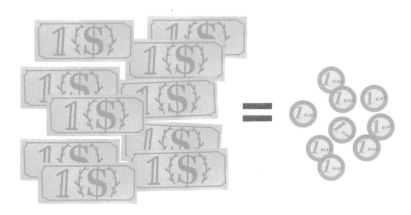

元，他就想让我帮忙，把我存钱罐里的欧元换给他。我们从网上查到，10 美元等于 9 欧元。

于是，为了搞清楚 26 美元等于多少欧元，我们是这么算的：先把 9 欧元分成 10 份，这样我们就知道 1 美元等于多少欧元：

$$9 \div 10 = 0.9$$

也就是：

又因为 26×0.9=23.4，所以我换给了他 23 欧元 40 欧分。

除法真的是只神奇的大手，我敢肯定，明年夏天我们去纽约的时候也用得上它，毕竟我们得弄清楚，我们的欧元等于多少美元呀！

叔叔一家周日就要回去了，堂弟很舍不得我们，不想离开；他向弟弟保证，会用聊天软件保持联系。我们送给他一个类似寻宝的电子游戏（他最终给玛丽安选了印着斗兽场的 T 恤衫，花了 22 欧元。谁知道等于多少美元？）

怎样测平均步长

我和卢卡住在同一层，为了测量从学校到我们家的距离，我们数了数到学校一共需要多少步。为了避免互相干扰，我们是在心里默数的。我俩的步伐像是行军一样整齐，最后数完的数字也相同，都是 2136。

我们想把这个数字转换成米，这样所有人就都能明白学校到我们家有多远了。我们凑在一起想了个办法：测量一下我们的步长有多少，再把结果乘以 2136。可接着又遇到问题了：每一次步长都不一样，这次大一点，下一次又小一点。直到卢卡想出了一个主意：从一个固定的点出发，走十步，然后用粉笔标出他到达的位置。

然后，我们一起用他爸爸的卷尺测量了这段距离：4 米加 80 厘米，也可以写作 4.80 米。

4.80 米

这样就很简单了，只要把它除以 10，就知道卢卡步子的平均长度是：

$$4.80 \div 10 = 0.48（米）$$

48 cm 平均步长

随后，该测我的平均步长了。这时我们突然想到，其实完全可以不用测[1]，因为我的步长跟卢卡的是一样的! 这显而易见，因为我们到学校用了相同的步数。

弟弟本来一直在旁边安静地看着我们，突然间他开始大叫，让我们也量一量他的步长。我们满足了他的要求，他就在那里特别使劲地大跨步走。(他的平均步长最大也就是 40 厘米。)

这样我们就得到了从我们家到学校的距离：

$$2136 \times 0.48 = 1025.28（米）$$

四舍五入，就变成了 1025 米。

再通过除法，就可以得到我们的速度——从家到学校我们用

①其实再测一次取平均值更妥当，因为一次测量容易产生误差。——编者注

了 20 分钟，所以结果就是：

$$1025 \div 20 = 51.25 \text{（米/分钟）}$$

为了锻炼肌肉，你也可以跑步到学校；为了练习数学，你也可以计算一下跑到学校的速度。

很聪明吧? 卢卡的爸爸在我们的城市里跑马拉松，他的速度是每分钟 125 米!（没准明年他还会带上我们。）按那个速度从家到学校要多久? 这是个好问题，我明天就把它告诉老师，看看谁能第一个得出答案。

卢卡说，他的表哥有个计步器，那是一个可以绑在脚腕上或者胳膊上的小装置，能够记录你一共走了多少步。（太方便了! 在计步器悄悄计步的时候，他还可以跟朋友聊天呢!）

米与十进制

老师很喜欢我们做和科学有关的游戏。她说，这样玩游戏，一直玩下去，没准我们长大后就能发明出什么来。

她知道我和卢卡测量了从家到学校的距离后，表扬了我们。她说古代人早就想出了用步子测量距离这个主意，除此以外，他们还用手掌、肘臂或者脚掌测量。

一拃　　　　一肘（前臂）　　　　一足

到了后来，古人也明白了，要想不吵架，最好是用一个客观事物——"米"来测量。这样这个尺寸就不再是主观的，而是变成客观的了。所以现在就有了所有人都能明白的全世界通用的计量系统。这个系统也是十进制的，它的倍数和约数也是以十为单位的。让这个系统采用十进制实在是太聪明了，便于将尺寸和十进制的数字对应起来。

我只知道两个计量单位不是十进制的：一个是时间，一天有 24 小时，每小时有 60 分钟，每分钟有 60 秒（毕竟我们已经习惯了，就这样用着吧）。另外一个是角度，一个周角有 360 个刻度，每个刻度称为 1 度。所以，测量一个角有多大，要看它由多少度组成，比如一个直角有 90 度（写的时候可以用个小圆圈表示：90°）。

最棒的是，这两个计量单位相互是有联系的：古巴比伦人认为一年有 360 天，就做了一个圆形的日历，上面有 360 个刻度，每一个刻度代表一天。到后来他们发现自己错了，一年应该有 365 天（其实还要再多一点，这就是为什么会有闰年，闰年的一年有 366 天）。于是他们决定更改日历，但是把带有 360 个刻度的圆保留了下来，用来测量角的度数。我是在去年老师讲巴比伦人的生活时知道这些的：为了了解什么时候能在肥沃的土地里播种，他们研究了一年四季并发明了日历。

老师留的家庭作业是要算出我们一拃的平均长度。这虽然是作业，可非常有用——在没带米尺，又想测量某个东西的长度时，我们就可以用手测量！我想跟弟弟一起完成，看看他的一拃比我的要小多少。你也可以量一下你的，这会很有用。如果你还有兄弟姐妹，也可以量一下他们的。

食堂要换菜谱啦！

我们食堂周三和周五的饭真的很好吃：周三是意大利面和菠菜丸子，周五是红米饭、煎蛋饼和沙拉。大家吃完了都会再去盛，这两天不会剩下任何饭。而其他的时候，大卫和贝亚特丽切（也不光是他们）会在盘子里剩很多菜——他们就是做不到把菜全都吃完。老师觉得可惜，她可一点都不想浪费。她告诉我们世界上还有很多小朋友在挨饿，我们听了也觉得不应该浪费饭菜。后来，教导主任进行了一次问卷调查，是关于我们喜欢的食物的，我们就在最喜欢吃的东西上做了标记。

结果在下面的表里。（"次数"在这里是指某种食物被标记

食物	次数
蔬菜泥	35
意大利面	120
红米饭	95
豆子汤	70

的次数，而不是你在学校的出勤次数，别害怕哟！）

我们跟老师一起，画了一个类似报纸上出现的图——柱形图，它让你一眼就能知道哪种食物最受欢迎。得票最高的叫众数，意大利面就是这个调查的众数。

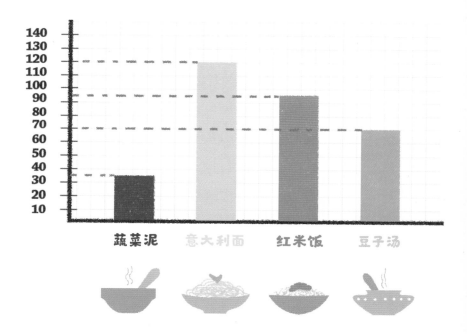

现在我明白了，为什么在学生中最流行的服装是牛仔裤，因为它是穿的人最多的，这是当然的！

教导主任来到班上告诉我们，从下周开始，食堂会在蔬菜泥里加一点意大利面和奶酪，这样味道会更好（她真是想尽各种办法让我们吃蔬菜）。

我们的家庭作业是，用好看的符号代替长方形，再重新画一下柱形图，还得让人一看就能明白它们代表的是什么——这个图可以叫象形图。我想到用装满食物的盘子表示，比如每个盘子等于 10 个小朋友，半个盘子等于 5 个。

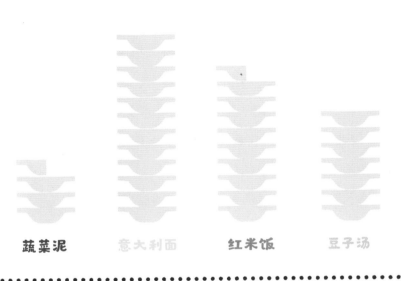

蔬菜泥　　　意大利面　　　红米饭　　　豆子汤

10 个小朋友

5 个小朋友

像气象学家一样

春天终于来了，到了课间，我们就可以去花园玩了。我还想看看弟弟在干吗。昨天他在门口的橡树下，抓了一只特别小特别小的壁虎，放进一个罐子里。但是弟弟的老师让他把壁虎放了。真可惜！要是能把它放在我们的房间里就好了，我就能用放大镜好好看看它的脚蹼了……

今天在课堂上，我们当了一回气象学家——就是在电视里预报天气的人。整个三月，早上我们到教室后，都会去查看温度计上的夜间最低温度①，并把它记录下来。

| -3 | -5 | -1 | 0 | 0 | -3 | -2 | -2 | 0 | 1 | 1 | 0 | 3 | 3 | -2 | 3 |

| 4 | 4 | 4 | 5 | 4 | 3 | 1 | 4 | 4 | 6 | 6 | 5 | 6 | 2 | 2 |

有一天晚上，温度甚至降到了 -5 摄氏度。我记得很清楚，因为第二天早上特别冷，弟弟还戴上了有护耳的帽子。整个三月，

①有一种温度计可以显示一段时间内的最低温度。——编者注

我们记录下的最低温度里，最高的是6摄氏度，也很冷，但是还不至于让水结冰。

今天，我们把这些温度从低到高写了出来。

我们发现，三月里有一半时间，最低温度都没有高于2摄氏度。

所以2就是中值，因为它正好在中间，老师是这样说的。

-5 -3 -3 -2 -2 -2 -1 0 0 0 0 1 1 1 2 **2** 3 3 3 3 4 4 4 4 4 4 5 5 6 6 6

15天　　　　　　　　　　15天

这个词让我想到了橄榄球——传球中锋！我在脑子里一直想着橄榄球……（心里也是）

我们的家庭作业是找到最高温度的中值。做法是把最高温度集中列在一个表格里，在每一个记录的温度下面，都写上它出现的次数，也就是一共出现了几天。

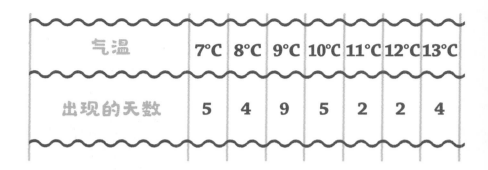

气温	7°C	8°C	9°C	10°C	11°C	12°C	13°C
出现的天数	5	4	9	5	2	2	4

　　这不是很难，我十分钟就能做完。然后我想去球场上跟弟弟一起训练一会儿（他也想成为橄榄球冠军）。

世界读书日

还有几天就是 4 月 23 日的世界读书日了。"读书带你展翅高飞"是我们班为这一天想出来的标语，而埃娃他们班想的标语是"读书使你更有价值"。在"读书日"活动的最后，还会有个班级间的标语比赛，得票最多的标语会被印在一个牌子上，挂到学校的大厅里。真希望我们班能赢啊！周六，我们班还要组织一场阅读马拉松（名字不是我起的，我想也许叫阅读接力更好）：每个人都会大声朗读一段自己最喜欢的书中的内容。老师称它为大家互相赠送的礼物，因为这是每个人很想跟同学分享的、他阅读时的内心感受（比如一个发现或者

一种感动）。她希望，我们能越来越喜欢阅读，因为通过阅读我们可以学到很多她无法传授给我们的东西。

她又问我们，从今年开始到现在，除了学校的课本以外（课本当然不算了），我们一共读了几本书，于是有了这个表格：

阅读的本数	1本	3本	4本	6本	9本	12本
小朋友的人数	4人	5人	5人	8人	1人	1人

马尔科、卡洛、托托和马尔塔都只读了一本书，因为他们更喜欢玩，而迭戈却读了12本！（他天生就喜欢读书。）

从表格里可以看出，小朋友人数最多的一组是读了6本书的（我也读了6本书），所以6本是我们班课外阅读的众数。

算一下总数就会发现，我们24个小朋友一共读了108本书。真挺多的，就像每个人都读了4本半书一样……没错，108÷24就等于4.5。我们平均每人读了4.5本书。

老师还让我们有了另一个大发现：如果你算一下就会发现，有一半的小朋友读的书不超过4本，而另一半读的书则不少于4本。所以4是在中间的数值，是中值。

在家写作业的时间

我们从报纸上剪了好多画，想做一个统计的表格。到现在为止，我们做这项研究（准确地说，叫作统计调查）已经有一个月了，做得还不错。

这一周的每一天，除了周六周日，我们每个人都要记录自己在家写作业和学习的时间，还要保证不会胡编乱造（反正统计时间的纸上也不用写名字）。

我和马尔科在老师来之前，对了一下我们记录的数字。

谁也没想到，我俩每周学习的时间一样，正好都是 10 小时。真是太好了! 算一下算术平均值，我和他每天都学习 2 小时。

在家学习的小时数

	周一	周二	周三	周四	周五
我	2	2.5	1.5	2.5	1.5
马尔科	4	3	0	2.5	0.5

但是可以看出，我俩的方法很不一样：我不喜欢太长时间地做一件事，所以我每天学习的时间并不是很长。实际上，我每天最多学两个半小时，而最少也会学一个半小时（这样我就总有时间去球场上训练了）。马尔科呢，有一天甚至学了 4 个小时，连家门都没出，而另外一天却连一分钟都没学（他一直在跟他的表弟玩）。他每天学习的时间都不一样。

老师说，这在统计中也很重要，除了算术平均值外，还要计算最大值和最小值的差：算出来的结果叫极差，它会告诉你数据的离散程度。

我的极差是 2.5-1.5=1，马尔科的是 4-0=4。我俩的区别可真大!

马尔科跟卢卡
哪里不一样?

卢卡来了后，我们看了他记录的数字，发现他也是平均每天学习两个小时。他的习惯其实是每天午饭后都会学习两小时。不过周一他去看了医生，没有学习，但第二天他就补了回来，也就是说周二他学了 4 个小时。

他的极差是 4，跟马尔科一样。

	周一	周二	周三	周四	周五
马尔科	4	3	0	2.5	0.5
卢卡	0	4	2	2	2

"但可以肯定的是，"老师说，"再也找不出两个比马尔科和卢卡更加不同的学生了! 你们也了解他们。可惜的是，只有平均值和极差，无法显示他们的不同。那我们能做些什么呢?

"下面就是数学家想出来的办法。我来讲，你们注意听。

"我们拿马尔科为例：为了进一步了解这些不同的数据，先算一下它们每一个与 2 的差距，也就是与平均值的差距。

	周一	周二	周三	周四	周五
马尔科	4-2=2	3-2=1	2-0=2	2.5-2=0.5	2-0.5=1.5

"现在来看一下这些差距，为了能把它们当成信息利用起来，也需要算一下它们的算术平均值。

马尔科 $(2+1+2+0.5+1.5) \div 5 = 7 \div 5 = 1.4$

"得到的数值叫作平均差。

"同样也根据卢卡的数据算一下：

	周一	周二	周三	周四	周五
卢卡	2-0=2	4-2=2	2-2=0	2-2=0	2-2=0

卢卡 $(2 + 2 + 0 + 0 + 0) \div 5 = 4 \div 5 = 0.8$

"你们看，结果一目了然。平均而言，卢卡的数据离 2 的差距比较小，没有那么分散，比马尔科的要小很多。"

果真如此，0.8 确实是小于 1.4。

友谊的特质

　　今年，我们班上一共有 24 个人，包括新同学埃莱娜和伊雷妮。埃莱娜是开学后才来到我们班的，她的爸爸是修路的，不会一直待在一个城市。而伊雷妮在开学第一天做自我介绍时，因为太想念过去的同学，还难过得哭了起来，弄得我们不知道该说什么。幸运的是，后来我们成了朋友。

伊雷妮　　　　　萨拉　　　　　马尔塔

伊雷妮跟萨拉的关系特别好，她们会一起跳舞一起做作业。萨拉跟马尔塔也是好朋友，但是伊雷妮跟马尔塔却不是，她完全不跟马尔塔交朋友，没准是因为马尔塔总是一副什么都知道的样子，而伊雷妮却很内向。

老师说，友谊不是可以勉强或者转移的："'友谊不是一种可以传递的关系'，你们试着去理解一下；但是它有一个很棒的特质——它是一个对称的关系，意思是说，如果伊雷妮是马尔塔的朋友，那马尔塔也一定是伊雷妮的朋友，他们之间的友谊是相互尊重的！"

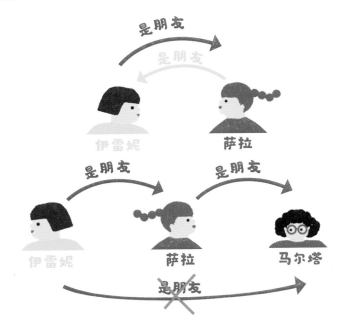

我们不太明白"可以传递"是什么意思，老师是这么解释的："你们想一下另外一种关系：伊雷妮是萨拉的同学，萨拉是马尔

塔的同学，所以伊雷妮自然也是马尔塔的同学。同学关系是一种可以传递的关系，会从伊雷妮传递给马尔塔。明白了吗? 同样，举另外一个例子，姐妹关系也是可以传递的，你们想想看。"(不用想我都同意老师说的，这太简单了。)

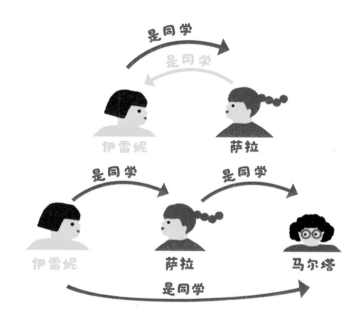

老师还没说完，她接着又给我们解释什么是不对称的关系。比如："如果伊雷妮比萨拉高，萨拉就不会比伊雷妮高!"(这是当然的。)"但跟朋友关系不同，谁比谁高这个关系具有可以传递的特质，是一个可以传递的关系。实际上，当我们知道了伊雷妮比萨拉高而萨拉又比马尔塔高，不用任何人说，我们就能知道伊雷妮比马尔塔高。"

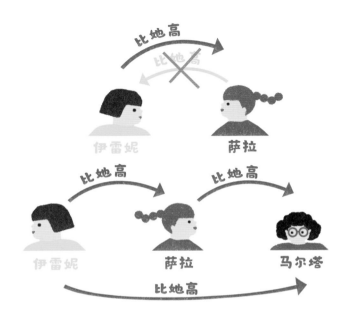

然后是科学实验时间。我们从书包里拿出在校园里收集的叶子，准备研究。把它们粘在板子上之前，老师又给我们解释了一种既不对称又不可传递的关系。听上去真可怜！可这是一种非常美妙的关系——母子关系。

同学关系	对称的和可传递的
朋友关系	对称的和不可传递的
谁比谁高	不对称的和可传递的
母子关系	不对称的和不可传递的

图书角的秘密

我们班图书角的书比学校里其他班的都多（老师也从家里带了一些书来）。今天，我们把书架上的书都整理好了：先把它们分成了五类——冒险、历史、科学、语法练习和科幻，每一类占书架的一格；每一类下，又按照书名的字母顺序逐一排好。

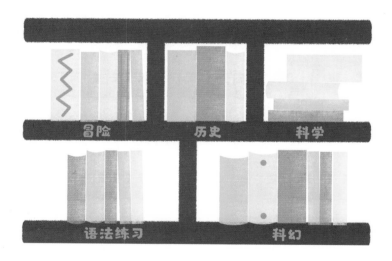

"做得很好。"老师说。整理完我们回到了座位上，满以为会开始上数学课，可老师却问道："你们有没有想过，各个班里的学生，就像我们图书角的书一样？"（像书一样？这太奇怪了，我心里想。）

"我们一起想一想，所有进入学校的同学都被分到了各个班级，就像是书被放在书架不同的格子上；在每一个班里，同学们又按照名字的字母顺序排列，就像每个格子里的书一样。没错，分类就是指分成很多个等级类别，也就是分成很多个部分，而排序的意思是按照一个顺序，一个接着一个地排好。"

（真的是这样，我都没想过！）她还说，整理这件事是由数学家发明的，他们可不光研究数字和几何图形。如果一个整体有很多元素，比如一个学校里的学生，或者一个图书馆里的书，为了不让它变得乱七八糟、混乱不堪，数学家就会研究这些元素之间的关系，再把它们重新分组并排序（他们总是想把什么都弄明白）。

而我们的家庭作业，是把下面这些图形当成图书馆的书或者学校的学生一样整理好。这简直像一道智力题，我要让弟弟帮忙（他特别擅长解谜）。

做不够的作业

　　我们俩成功地把它们整理好了，甚至用了 4 种不同的方法！我们真是太厉害了！弟弟做得很开心，做完后他还问我，还有没有像这样的作业？

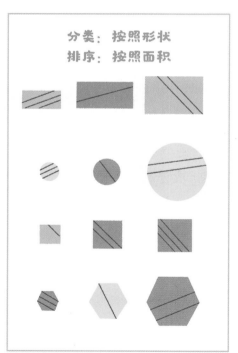

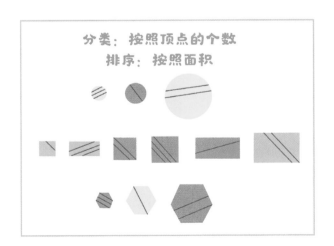

智力题大挑战

比安卡和贝亚特丽切成了好朋友，总想坐在一起。她们在课间还一起看报纸上的智力题。今天，她们向我和马尔科发起挑战，看看谁能解决这个问题：观察第一排的图形，并从第二排中选择一个，放在问号的位置。

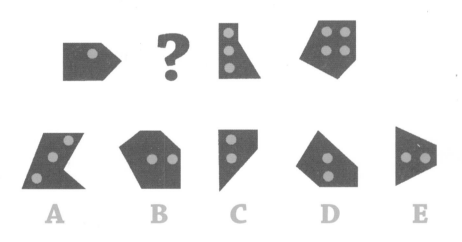

我们想了又想。一开始我们以为是 B，后来意识到不对，因为第一排的所有图形都有 5 条边，而 B 有 6 条；我们又想到是 A，但是这个也不对，因为虽然 A 有 5 条边，里面却有 3 个点，

跟其他图形里的 1、3、4 个点又有什么联系呢?

于是马尔科说:"是 D,肯定是 D,因为 D 有 5 条边,而且里面有 2 个点,可以排在第二个位置,而其他图形都是按照点的个数排列的!"

我同意他说的:它有相同数量的边,里面点的数量也符合由少到多的排列顺序。

你看,连智力题也是数学家发明的,因为他们知道怎么分类怎么排序!

彩色印章

通常，做完作业后，我和卢卡会在我家或者他家碰面。我们也想试着发明点儿什么，就像史蒂夫·乔布斯和史蒂夫·沃兹尼亚克那样，他们发明了一台电脑（虽然他们的碰面地点是车库，但意思是一样的）！昨天，我们发明了一种印章，这样我们班所有的同学就都能有一个跟别人不同的属于自己的印章了——还可以当作标记印在日记上。

今年我们班一共是 24 个人，因为新来了埃莱娜和伊雷妮，所以我们想到用 3 种形状（正方形、圆形和三角形）、2 种花纹（条形和点）和 4 种颜色（黄色、绿色、橘黄色和天蓝色）组合在一起。没错，3×2×4 正好得 24。我们花了一个下午的时间，做出了很多很漂亮的印章，而且每人都有，一个不少，因为我们用了一个树形图来组织。

{□○△} {≡ ∴}

{||||}

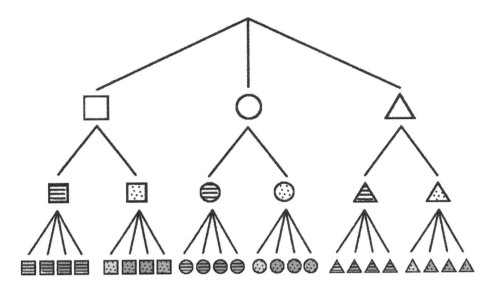

　　我们把印章带到学校去，老师说，比起苹果电脑的发明者，我和卢卡更像那两个发明条形码的人——就是超市里印在每件商品上，通过收款台扫描时会发出"嘀"的一声响的那个码。（我很高兴，不知道卢卡怎么想。）她还建议我们出一道智力题。我们马上就用印章出了一道题："观察下面的图案，为了组成完整的一组，还缺哪些印章？试着把它们画出来吧。"

　　从明天开始，比安卡也跟我们一起做发明（没准弟弟也会加入）。

包糖果

这一天，我们几个在卢卡家碰了面，决定专门研究智力题。是下面的作业让我们有了这个想法："包装 4 块糖一共有几种方式？"（弟弟马上画了图出来。）

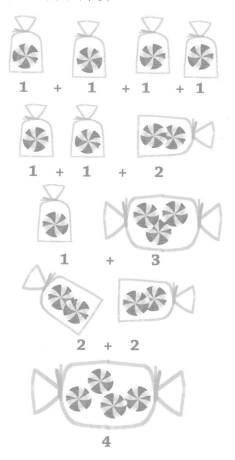

接着，我们又算了一下包装 5 块糖的方式，下面所画的全部的包装方式中，缺了一种，问：缺的是哪种？

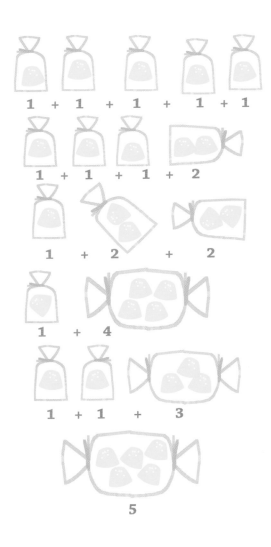

你可以试着答一下，不是很难！

我们的智力题小报

现在我们已经是智力题专家了，就决定出一份小报，把出的智力题全列在上面。我们的老师特别喜欢玩，她还给我们建议了一个新的类型。（她的女儿太幸福了！）她的建议是：把3种颜色按照所有可能的位置组合起来，一共可以画出6个旗子。（如果你愿意，也可以用树形图来帮忙，一开始有3个分支，然后是2个，最后是1个。）

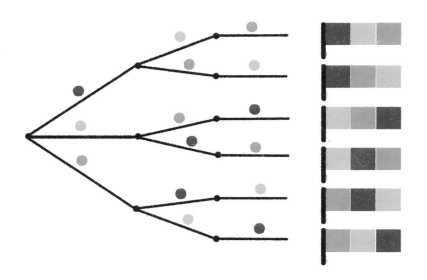

接着把其中一个藏起来，问："缺的是哪个？"为了让题目变得更可爱有趣，我们把颜色替换成笑脸。这道智力题就是：缺哪些旗子？把它们画出来吧。

把笑脸或者颜色用各种可能的方式排出来，就叫排列，也就是给它们换位置。从根本上说，跟去年我们计算的给 4 个小朋友排座位有多少种方式是一回事[1]。我还记得那个让人特别吃惊的事，要给 22 个学生换座位，每天换一种，要超过三百亿亿年才能换完！（去年我们是 22 个人，而今年是 24 个人……更不敢想会花多少时间了！）

---

①相关内容，见《为了登上月球》第106—115 页。——编者注

画小旗

　　我和比安卡、卢卡、弟弟想要在午饭后立即碰面，因为今天没有家庭作业。（弟弟有没有我就不知道了，不过他还是来了。）我们想要准备关于三色旗的智力题，保险起见，我带了4支彩笔。

　　在选择要使用的颜色时，弟弟马上说道："我来选，我来选。"为了不吵架，每个人都选了自己喜欢的颜色。

　　我们开始画起来，每个人都画出了自己的小旗子，还留下了

几处空白作为智力题。

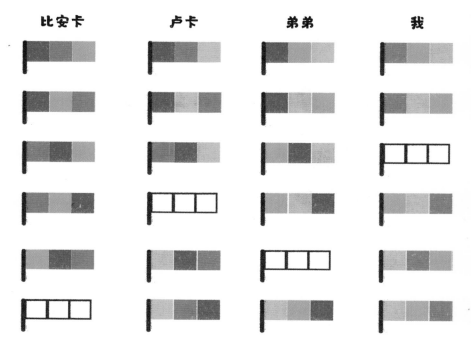

比安卡	卢卡	弟弟	我

缺的是哪些小旗子呢?

我带 4 支笔来是对的，这样就一共有 24 个小旗子，每个都不一样!

弟弟特别投入，他决定明天要从 5 种颜色——蓝色、红色、绿色、黄色、紫色里面选，画出所有可能的小旗子。他说会多出很多。他说得对，我也觉得会多出很多——要是从他的有 6 种颜色的笔袋里选出 3 种颜色来画，不用说，那就更多了!

四张墙报

教室的墙上挂满了我们上三年级以来的优秀作品，还有去国家公园郊游时的照片，就是那些我们寄去参加"最美棕熊图片"比赛的照片（没准我们能赢呢）。而今天，我们想要挂四张语法墙报：名词、动词、形容词和副词。

我们把一张墙报贴在了讲台后面，另外三张贴在对面的墙上。听起来挺不可思议的，但是当老师让我们把它们贴起来时，又发生了跟画小旗子时相同的事情，没错，我们要从 4 张墙报里选 3 张，还要把它们按照顺序一张一张地贴起来，就像是给颜色排序一样。一通计算下来，也一共有 24 种可能性……真不知道该怎么选！

最后，通过抽签，我们决定把动词贴在讲台后面（我喜欢这样，因为它正好在我的对面）。而另外三张是这么排序的：名词、形容词、副词。是贝亚特丽切决定这么排的。

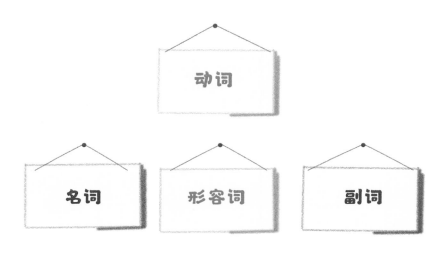

老师很高兴："非常棒，我们看看，谁还能找到跟小旗子和墙报类似的例子？"

最快想出来的人是埃莱娜，因为这是一件发生在她身上的事。那是两年前的夏天，她跟表姐参加度假俱乐部的比赛。当时，参加赛跑的一共有 4 个人，只有 3 个人得了奖：按照到达终点的先后顺序，表姐赢得了奖杯，她赢得了一本书，另外一个男孩得到了一个球。（第四名参赛者，得到了一张彩票作为鼓励奖。）

　　她得了第二名，是因为她早上游泳游得很累，其实她本来可以第一个到达终点的……总之，把 3 个奖颁给 4 个小朋友，一共有 24 种不同的方式！

一场足球
引发的争吵

从昨天开始，马蒂亚和马尔科就谁也不理谁了。他们以前是最好的朋友，可是现在却连同桌都不想当了。这全是足球的错。马蒂亚对马尔科说："如果天气好，我就给你打电话，咱们一起到球场去练习。"（他们是足球迷，对橄榄球不感兴趣。）

可是因为下雨，马蒂亚没有给马尔科打电话，可他自己还是去练习了。马尔科跟他爷爷去超市的时候路过球场，正好看到了马蒂亚，这下可糟了！

"你是个骗子，"马尔科说，"头号大骗子！我再也不想跟你做朋友了！"

在学校里他们一直板着脸。老师知道了事情的经过，让他们重归于好了。可是过程挺费劲的。马尔科特别气愤，一个劲地说着类似于"你是个骗子，根本就不能相信你……"这样的话。

等马尔科冷静一些以后，老师让他好好思考一下："好好想想，不要生气。并不是马蒂亚骗了你，他答应说如果天气好就给你打电话，可昨天下雨了。他可没说无论如何都会给你打电话。

我们一起看一下会发生什么，看看究竟在哪种情况下，才是马蒂亚骗了你。一共有 4 种情况：

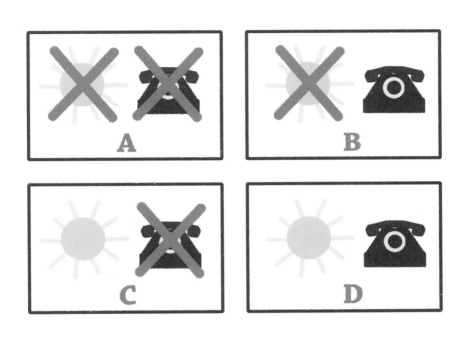

A. 没有太阳，马蒂亚没有给你打电话。

B. 没有太阳，马蒂亚给你打了电话，没准是为了跟你说会儿话。

C. 有太阳，马蒂亚没有给你打电话。

D. 有太阳，马蒂亚给你打了电话。

只有在一种情况下马蒂亚才算骗了你，就是选项 C：即使有太阳，马蒂亚也没打电话。对吧？"然后她看向马蒂亚，对他说："亲爱的马蒂亚，如果你打电话跟马尔科说，虽然天气不好，但还是邀请他一起去踢球，会显得你更有礼貌些。"

我们都十分赞同。过了一会儿，他们俩和好了。马蒂亚答应，下一次他会更加礼貌得体，而马尔科也答应不再叫马蒂亚"骗子"了。

假如你是一条
生活在水里的鱼

今天我们学习了水生动物。如果我们好好学，就能得到奖励，去参观热那亚的水族馆！我长大以后想要成为海洋生物学家（或者起重机司机，我还没想好），我很开心，我会认真学的！

有一件很重要的事情需要知道：如果你是一条鱼，你一定会生活在水中。反过来，如果你生活在水中，你不一定非得是一条鱼。实际上，鲸鱼和海豚也生活在水中，它们不是鱼而是水生哺乳动物。可如果你不生活在水中，你就一定不是一条鱼。

"这是一定的，是符合逻辑的！"老师说道。

我们不太明白，她就给我们画了下面这个图（她解决什么问题都会用图）。

"有 4 种情况，"她解释道，"你们好好读一读，想一想。"

1. 如果你是鱼，那么你生活在水中。　　　　　　真

2. 如果你生活在水中，那么你是鱼。　　　　　　假

3. 如果你不是鱼，那么你不生活在水中。　　　　假

4. 如果你不生活在水中，那么你不是鱼。　　　　真

这里说的基本都是这两个命题：

A. 你是鱼

B. 你生活在水中

但一个是把它们两个反了过来，一个是都加上了"不"，还有一个是把它们反了过来又加上了"不"。像这样：

1. 如果 A，那么 B。　　　　　　　真

2. 如果 B，那么 A。　　　　　　　假

3. 如果不是 A，那么不是 B。　　　假

4. 如果不是 B，那么不是 A。　　　真

如果 1 是真的，那么你放心，4 也一定是真的。古希腊人早就已经知道这件事了，尤其是一个名叫亚里士多德的哲学家，他

的名字跟舅舅家狗的名字一样（不知道我这么叫对那位哲学家是不是不太礼貌）。

哪天买玩具更划算?

我家附近有一个超市，每到周六或每个月的最后一天，那里的玩具都会打折。我管着自己一周都不花什么钱，这样就能跟弟弟用比较少的钱去买玩具了。弟弟每天都想去看一下，这完全是白费工夫，因为宣传单上写得很清楚：

每周六或每月的最后一天，所有玩具半价！我们等你来！

我试着让他好好思考一下。一共有 4 种情况（这是我跟老师学的）：

不是周六，不是每月的最后一天。没有打折。

是周六，不是每月的最后一天。有打折。

不是周六，是每月的最后一天。有打折。

是周六，是每月的最后一天。有打折。

今天是周五，所以不打折，而明天是周六，我们就可以很顺利地用半价买到一个超级玩具（我会用我生日时得到的钱）。下一个周六，也是 5 月 31 日，是这个月的最后一天，我们还会去超市，而折扣率还是 50%——超市才不会给你加倍打折呢！

会员卡

马尔科家附近的超市周六也打折，那里还卖体育用品：旱冰鞋、网球拍、橄榄球（也许有吧），等等。但也同样不是我们想买就能买的，因为还需要会员卡的 100 个积分，而我们没有。真是太可惜了！

每周六加上会员卡 100 个积分，[1] 保证让你也运动起来！

马尔科问了问他妈妈，既然他们家的会员卡上有很多积分，肯定超过了 100，他就想买一双新的旱冰鞋——一双带有单排滑轮的速滑冰鞋（他会把旧的那双送给他的表弟，因为他表弟一双也没有）。周六下午我陪着他去挑选，提醒他不要忘记带会员卡，不然什么旱冰鞋都买不了！

一共有 4 种情况，而只有一种情况才能打折。

---

① 该处的"加上"，可理解为联结词"与"，具体解释见第 113 页。——编者注

不是周六，没有会员卡或积分不够 100。没法打折。

是周六，没有会员卡或积分不够 100。没法打折。

不是周六，有会员卡且积分够 100。没法打折。

是周六，有会员卡且积分够 100。可以打折。

怎样赢得幸运包裹

　　我跟弟弟从电视上看到了一道非常了不起的智力题。主持人有两个女助手，每个助手都拿着一个密封起来的神秘包裹。主持人说，一个包裹里有一张支票，可以换很多钱（我不记得是多少了），而另一个包裹里什么都没有，是空的。参加比赛的是一位金发的女士，想要赢得幸运包裹，她只能向助手提一个问题。

　　主持人向她解释说，其中一个助手总是说假话，而另一个总是说真话，但可惜的是，我们不知道哪个才说真话。

　　于是那位女士盯着她们，思考起来……我也不知道，也许她是在试着从她们脸上找出谁更可信。表的指针飞快地走着，我

想："她赢不了了。"

突然，她走到离她比较近的那个助手那里，说："如果我问你的同伴：'你手上的包裹里有奖品吗？'她会怎么回答我？"

真是个奇怪的问题，我想。她为什么不直接问另一个人？但是助手回答说"没有"之后，她马上非常肯定地走向另外一位助手，说："这个'没有'让我明白了奖品正是在你的包裹里。"

她是对的，支票确实在那个包裹里！所有的观众，包括主持人，都鼓起掌来！那位女士高兴极了！她说她会用这笔钱在她的花园里挖一口井，用来浇花。（也许她的孩子们都已经长大了，不然她可以用这笔钱给他们买玩具。）

我问弟弟，如果他是那位女士他会问什么问题。他说他要想一想，但是反正是靠运气的，他知道自己很幸运，所以肯定会猜到。

我觉得，如果你运气好那当然好，最重要的还是要靠推导，可我还是没有想明白那位金发女士是怎么推导出来的。明天我要问一下老师。

真的假话还是假的真话

老师说："无论那个助手回答什么，为了猜中哪个是幸运包裹，都要猜跟她说的完全相反的。"没错，如果她是那个说真话的助手，说明她会真实地转述另一个助手的谎话，所以她的回答是假话。而如果她是那个说假话的助手，那么她肯定会错误地转述对方的真话，也就是她把真话变成了假话。总而言之，都是假话！

"这就是为什么，无论两种情况中的哪一种，都要猜跟这个助手的回答完全相反的。这位参赛选手提出的问题非常好，用这种方式就把两个回答结合了起来：无论对哪个助手提问，得到的回答肯定都是假的，只要了解了这点，她就能知道怎么选包裹了。"

上面是老师说的，我们还是不太明白，所以我们把这道智力题在班里重新做了一遍，直到每个人都能顺利找到幸运包裹。（我们玩得非常开心！）

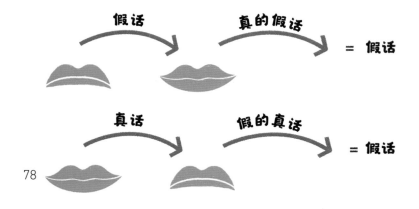

如果两个助手
都一样呢?

　　无论遇到什么事情比安卡都会非常认真地思考,提出好多问题。(所以马蒂亚总是很恼火,因为他想要早点下课。)今天也不例外,在智力题之后,她马上举手问道:"老师,如果两个助手都说谎话,会怎么样?"

　　老师说:"假的假话等于真话,如果你把一句假话反过来,就变成了一句真话。所以被问到的助手回答的是真相。"[①]

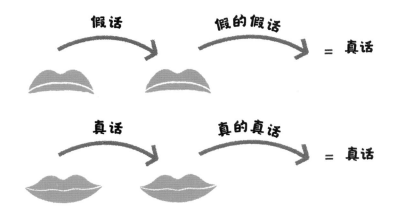

---

①其实如果是这种情况,可以直接问助手自己的包裹里是否有奖品,因为她说的肯定是假话,下面的情况也同样。——编者注

如果两个助手都说真话，也同样如此：被问到的助手说的是真话，所以她回答的是真相。现在你高兴了吗？

比安卡很高兴（她有点太高兴了，一直在笑……），我们却不高兴，因为这时老师又有了一个主意，她让我们把这个表格写下来，说将来我们学习带正号或者负号的数字时（就是表示欠债的那个），就会用得上。[①]

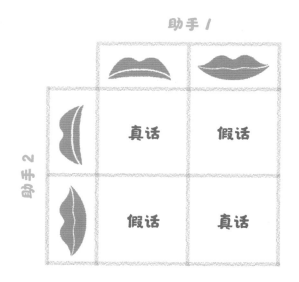

总之，把两个助手的回答结合起来，就会知道：如果两个助手意见一致，都说真话或者都说假话，得到的总是真话；如果两人意见不一致，得到的就是假话。（我总说嘛！最好还是要意见一致，这样才比较积极！）

---

①相关内容见《为了登上月球》分册，第72页。——编者注

年末联欢会上的谜题

为了教弟弟学数学，我把能想到的方法都用上了，有时还会抽查他的乘法表。现在，我只需要等着他的成绩出来。

有一件事可以确定：他在班里做作业时，总会帮助别人，而且他很会解题。昨天在公园里，一个学生的爸爸走过来对他说："原来你就是那个发明智力题和数学游戏的同学。很不错！"他特别自豪，简直就像打橄榄球时达阵得分了一样。

年末联欢会就要到了，他准备了下面这些谜题。虽然有很多题是从比安卡那本厚厚的书里抄来的，但也有很多是他自己想出来的。

1. 从下面各组挑出需要删掉的一个数：

    (a) 2, 2.5, 4, 5, 8

    (b) 3, 7, 12, 13, 15

    (c) 8, 10, 20, 30

    (d) 5, 10, 15, 18, 20

    (e) 6, 10, 12, 15, 21

    (f) 16, 20, 26, 60, 100

    (g) 3, 5, 7, 9, 11, 13

    (h) 1, 4, 9, 16, 20

2. 从下面各组挑出需要删掉的一个词语：

    (a) 长方形，三角形，正方形，六边形，多边形

    (b) 窗户，门，楼梯，家，墙壁

    (c) 老鹰，猫头鹰，翅膀，鹌鹑，海鸥

    (d) 柳树，榆树，杉树，树叶，橡树

    (e) 花，大海，海鸥，鱼，螃蟹

    (f) 天空，太阳，礁石，水，树

（g）从不，总是，周一，也许，马上

（h）眼睛，胳膊，腿，鼻子，手

3. 从下面各组挑出需要删掉的一个图形:

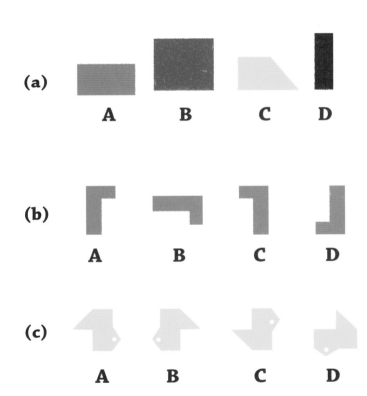

(a)　A　B　C　D

(b)　A　B　C　D

(c)　A　B　C　D

4. 要把这六块糖装起来，还可以用其他哪些方式？

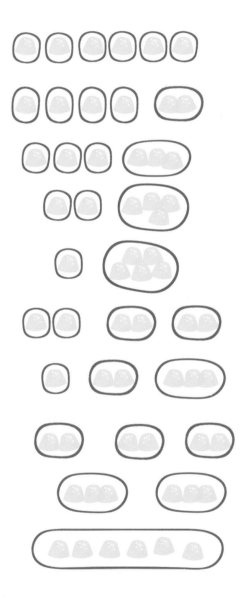

5. 按照相同的规律，在省略号处补充缺少的字母^①：

(a) A, C, E, G, I, M, ⋯, Q

(b) A, D, G, L, ⋯, R

(c) A, B, D, G, ⋯, R

(d) B, A, D, C, F, E, ⋯, G

6. 在省略号处填上缺少的数字，把数列补充完整：

(a) 2, 4, 8, ⋯, 32, 64

(b) 1, 3, 7, 15, ⋯, 63

(c) 0, 1, 1, 2, 3, 5, ⋯, 13

(d) 0, 1, 1, 2, 4, 7, ⋯, 24

7. 从各组第二行选择图形，把第一行的图形序列补充完整：

(a)

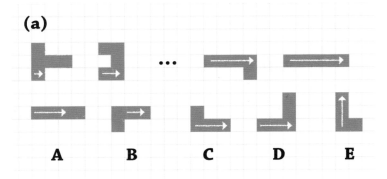

A   B   C   D   E

(b)

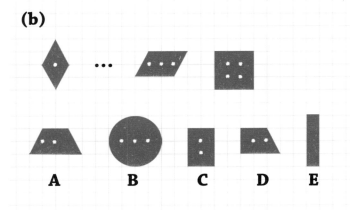

A   B   C   D   E

8. 从括号中选择一个词，把序列补充完整：

(a) al, tre, su, gli, … ①

(qui, se, lo, le, due)

(b) male, legno, nodo, …, nipoti

(martello, ramo, doni, figli)

9. 从括号中选择一个词，把序列补充完整：

(a) a, te, una, …, bella, fresca

(mela, bibita, stanza)

(b) amica, …, tanto, amata

(cara, vera, sincera, dolce)

①小提示：意大利语中有五个元音字母，即 a, e, i, o, u。——译者注

87

10. 从括号中选择一个词，把句子补充完整:

（**a**）周一对于一周来说，就像 _____ 对于一年。

（月份，季节，一月，四月）

（**b**）阿尔卑斯山对于勃朗峰①，就像亚平宁山对于 _____。

（罗莎峰，大萨索山，山脉，维苏威火山）

（**c**）儿科医生对于医生，就像 _____ 对于手工匠人。

（老师，眼科医生，交警，木匠）

（**d**）Mora 对于 Roma，就像 mela 对于 _____。

（Pisa, male, ramo, seme）

①勃朗峰，阿尔卑斯山的最高峰，位于法国和意大利交界处。——编者注

11. 从各组第二行选择一个图形，填到第一行省略号的位置。

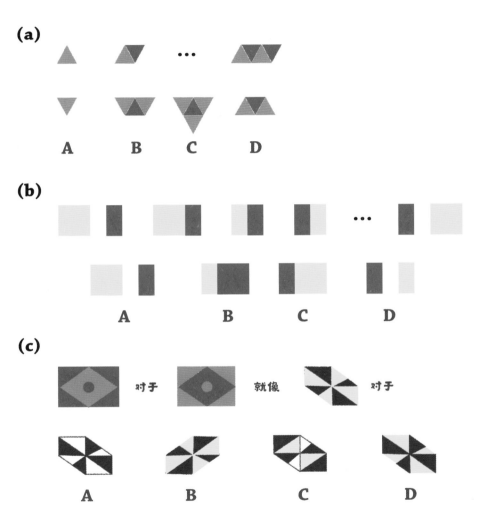

答案

各个章节中问题的答案：

一欧元的百分之一　6 页

5

必须要小心小数　8 页

49.4

买礼物　9 页

0.10 欧元（10 欧分）

除法是只神奇的大手　19 页

1024÷2 = 512，512÷2 = 256，256÷2 = 128……一直这样除，
直到 2÷2 = 1（一共是 10 个除法）。

美元换欧元　25 页

10÷9 ≈ 1.11（1 欧元大约等于 1 美元 11 美分），所以 22 欧元大
约等于 24.42 美元。

怎样测平均步长　28 页

1025÷125 = 8.2，等于 8 分 12 秒（0.1 分钟等于 6 秒）。
（距离 ÷ 时间 = 速度；同理，距离 ÷ 速度 = 时间）。

像气象学家一样 35 页

9℃

彩色印章 55 页

包糖果 57 页

2 + 3

我们的智力题小报 59 页

画小旗 62 页

如果是从 5 种颜色中选，一共是 5×4×3＝60 个小旗子。

如果是从 6 种颜色中选，一共是 6×5×4＝120 个小旗子。

年末联欢会谜题的答案：

1.

（a）2.5，因为它不是整数。

（b）12，因为它不是奇数。

（c）8，因为它不能被 10 整除。

（d）18，因为它不能被 5 整除。

（e）10，因为它不能被 3 整除。

（f）26，因为它不能被 4 整除。

（g）9，因为它不是质数。

（h）20，因为它不是平方数。

2.

（a）多边形，因为它是总称。

（b）家，因为它不是一个房子的组成部分。

（c）翅膀，因为它不是鸟类，而是一个组成部分。

（d）树叶，因为它是树木的一个组成部分。

（e）大海，因为它不是生物。

（f）树，因为它是生物。

（g）周一，因为它不是副词。

（h）鼻子，因为它是单数的，每人只有一个。

3.

（a）C，因为它不是长方形。

（b）C，因为图形是颠倒了过来，而不仅仅是被旋转了个角度。

（c）D，因为是被旋转了角度，而不是颠倒了过来。

4.

5.

（a）O，它的位置是奇数位。

（b）O，每个字母间隔着两个。

（c）M，字母间间隔的字母数依次递增。

（d）H，字母间两两交换位置。

6.

（a）16，后一个总是前一个的二倍。

（b）31，后一个总是前一个的二倍 +1。

（c）8，后一个是前两个的和。

（d）13，后一个是前三个的和。

7.

（a）D，由 5 个小方格组成，箭头所占的小方格数量依次递增。

（b）C，边两两平行，点的个数依次递增。

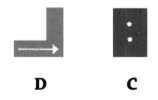

D   C

8.

（a）lo，每个单词含有一个不同的元音字母。

（b）doni，每个单词的打头两个字母，是前一个单词结尾的两个字母。

9.

（a）mela，单词的字母数量依次递增。

（b）dolce，有 5 个字母。

10.

（a）一月。

（b）大萨索山。

（c）木匠。

（d）male，是 mela 的字母顺序变换后组成的单词。

11.

（a）D。

（b）C，蓝色的长方形向左边移动。

（c）D，黄色黑色位置对调了过来。

写给大人的
附录

下面这部分内容，是写给教师和想要与小朋友一起阅读这本书的成年人的。在此，我想提出一些针对数学概念的思考——它们也是每一章的灵感来源，并就可以在课堂或家中进行的数字活动提出一些建议。

我们的记数法

这是人类文化的结晶之一！阿拉伯数字是印度人发明的（公元 5 世纪），再由阿拉伯人传播开来（公元 8 世纪）。这也是为什么它被称为印度 - 阿拉伯数字。直到 13 世纪，它才由比萨的列奥纳多，人称斐波那契，引入欧洲。

从基础概念来讲，这些数字是十进（位）制的：十是因为使用了 10 个符号，也就是数字；而位是数字所在的位置，同时也赋予这个数字本身一个值；这个值从右至左递增：个位、十位、百位……总而言之，都是 10 的幂。因此，这种记数法是以 10 为基数的。而正因为每个数位都有自己的值（跟罗马数字完全相反），所以 0 的使用就成为必然——0 被用来表示没有数量的数位，从而可以将 2016、216 这样的数字区分开来。此记数系统的基数 10 恰好等于人类手指的数量，这并非巧合：就是因为有 10 根手指，才确定了用于分组的数字是 10。

计算机使用的是电流而不是手指，这就需要根据实际情况发明另外一种记数法。因为计算机工作时使用的设备只能呈现两种不同的状态（电流通过 / 没有通过），就需要一种只使用两个数字的记数法。这并不难，只要将 10 替换成 2，就可以得到以 2 为基数的记数法，即二进制——每个数位代表的数值，总是前一位的 2 倍：个位、二倍、二倍的二倍……（总而言之，就仿佛计算机是依靠 2 根手指记数的。）举个例子，数字 13 就成了 1101（从左边起分别是 1 个 8，1 个 4，0 个 2，1 个 1）。

数集

人们发明数字是为了表示数量。但是现实无时无刻不在变化，人类与自然及人与人之间的日常行为活动也总是在不断变化：总是在不断地增加或者减少数量，不断地将其元素划分成数份……因此，在自然数集合中，必须建立一些规则，并且依据这些规则，在给定了集合中的两个数字后，可以依照这种规则得出第三个数字。

在自然数集合 ｛0，1，2，…｝中，第一个也是最重要的运算就是加法。一旦将数字置于数轴这条直线上，就非常容易建立规则：给定任意的两个数字 a 和 b，将 a 与 b 的和称为数字 c；将手指放在 a 的位置，然后将手指向右移动指定的步数 b，手指所在的最终位置就是 c 的位置。这样做是不会出错的，结果是可以保证的。

后来，因为经常会碰到使用相同数字的特殊的加法（例如 2+2+2+2），数学家为了节省空间、时间及笔墨，定义了乘法运算（写成 2×4 更加快捷）。出于这个目的，他们制作了一个表格（即乘法表），通过它可以直接找到两个 10 以内数字乘法的结果。如果相乘的数字大于表格里的数字，还可以通过一些诀窍来计算（算法）。

到此为止一切都很顺利。可惜的是，如同我们的日常生活，数字的世界中也经常会有这样的需求：依据一个已经执行的路径退回到之前的状态。所以，为了从加法退回，数学家定义了减法，而为了从乘法退回，他们又定义了除法。但是此时，人们又发现，光是自然数已经不够用了。尽管自然数是无穷无尽的，在某些情况下却无法得出减法的结果（比如怎么计算 5-8？），而且除法也出了问题（10÷4 不等于 2 也不等于 3，那它等于多少？）。于是又有新的数字被创造出来：正负数（前面带有符号的，用来表示收入及债务）和小数（那些不浪费任何东西的数字，如果除法中还有余数，也会继续把余数分成小于 1 的部分）。

这些数字（再加上一些其他的、我们的小读者在学习中会遇到的数字）都很好地描述了事实，数学家把它们称为实数，用直线表示，这条直线就被称为实数轴。

在本书的前 7 章，我想到了一些关于加强十进制数和相关运算的知识，并将它们与日常生活中的具体实例联系起来。在接下来的几章里，我展示了除法在二分搜索算法、物理学概念速度，以及货币换算中的应用。

统计学

信息世界中充满了统计学：各种类型的图表、中值、基于调研及样本分析的预测。因此，在一般的市民生活中，也存在着一些统计学知识。

在意大利语中，"统计学"（statistica）一词来源于"国家"（stato），因为正是国家需要有关其居民的信息。在古埃及时代，就已经有了关于这样一个伟大帝国的人口数据调查。同样的事情也发生在罗马帝国：国家进行了民众收入的调查，从而确定要缴纳的税款。在今天全球化的进程中，统计学是一门基础科学，它服务于医学、气象学、社会科学等。需要注意的是，统计学经常被滥用，其目的就在于影响市场或民众的选择。正是出于此目的，学校担负的任务是，至少教给学生有关统计学的基础概念。

统计学有两个基本分支：描述统计学和推断统计学。前者即通过图形、平均值和离散值等综合分析，帮助理解收集来的大量数据；后者是根据样本的研究，对整体进行预测。鉴于后者的复杂性，在此不做详述。

在统计调查中，通过一个值就可以综合总结出整个数据分布的最重要特征，如数据的平均水平，最常用的是算术平均值、众数和中值。

算术平均值是用所有数据的总和除以数据的数量得出。谁上学的时候没有算过自己各门分数的算术平均值，并希望自己的分数在及格线以上呢？

众数非常容易识别，即出现最频繁的数据。在很多情况下，它比算术平均值还要重要。想想看，做市场调查实际上就是为了能够根据潜在买家的偏好，选择需要推出的新产品。

当数据按照升序排列时，中值是位于数据分布中间的值（如果数据的个数是偶数，则计算中间两个数值的算术平均值）。它告诉我们，有一半的数据不大于该数值。

为了评估这些值是否对所有数据具有代表性，至少还需要了解最大值和最小值之间的差值（极差）。这就好比讽刺诗人特里卢萨在其著名的诗中写的，就算平均每人吃了一只鸡，还是有些人吃了两只，有些人则一只都没吃。

为了更有效地指出数据的离散程度，除了极差外，还可以计算每个数据与平均值差距的算术平均值（平均差）。

在"怎样测平均步长""食堂要换菜谱啦！""像气象学家一样"三章中，我举了一些关于三个平均值的例子。在"世界读书日"一章中，这些概念都集中体现在了一次调查中。而在"在家写作业的时间"和"马尔科跟卢卡哪里不一样？"两章中，则提出了离散程度的概念。

建议针对孩子们感兴趣的主题，开展调查及其数据的收集和处理。精心挑选示例是十分重要的，目的在于展示在类似情况下，示例是如何具有相同的平均值而离散程度却不相同的。

关系

关系是一个非常重要的数学概念。对它们的研究，使我们能够"统领"数集，并更接近函数的概念。

先观察一下一个简单集合中元素关系的例子，该集合中含有较少的元素：6 位教师。现在要给这些教师工作的学校发送一些小册子，想要知道需要多少本小册子，就必须了解他们在多少所不同的学校教书。所以我们研究一下"a 和 b 在同一所学校教书"这个关系，并用一个记录他们间两两关系的表格来帮助我们。实际上，从数学的角度来看，给定集合 A 中的关系，实际上是 A 中有序成对的元素的一个集合。

通过关系我们可以将教师集合分为 3 个子集，每个子集由在同一所学校教书的人组成：{ 卡洛，埃莱娜，马里奥 }，{ 加亚，路易吉 }，{ 索菲娅 }。

仔细观察表格，就可以发现这个关系中一些非常重要的属性。

	马里奥	卡洛	索菲娅	埃莱娜	加亚	路易吉
马里奥		✕		✕		
卡洛	✕			✕		
索菲娅						
埃莱娜	✕	✕				
加亚						✕
路易吉					✕	

对于集合 A 中的元素 a、b 和 c 的关系，会有以下的属性：

1. 如果 a 跟 b 有关系，则 b 也跟 a 有关系（对称性）；

2. 如果 a 跟 b 有关系，而 b 跟 c 有关系，则 a 跟 c 也有关系（传递性）。

每一个具有以上属性的关系，均被称为等价关系，这种关系可以将定义它的集合进行划分。划分集合的意思是，识别它的子集（类别）：这些子集没有共同元素，且这些子集的并集等于原集合本身（称为全集）。

这种关系的对称性可立即从表格中验证出来，如果我们沿着从左上到右下的对角线将表格对折，就会发现所有的 × 均会重合在一起。

如果一个关系不具有对称性（在任何情况下都不对称），但具有传递性，比如"a 比 b 重"这个关系，这种关系可以对集合进行排序，称为顺序关系。

在"友谊中的特质"一章中，利用在班级里出现的关系，老师展示了针对这两个属性的四种情况（是否有对称性及是否有传递性）。

在"图书角的秘密"一章中，老师又提议给图书角的书进行排序。将书依照"a 跟 b 是否属于一类"这个关系进行分类；然后每一类别又按照字母顺序，即"a 排在 b 之前"这个关系排序。

智力测验中的许多问题，正是基于识别这些关系的能力。在"做不够的作业""智力题大挑战"两章中，也可以找到一些例子。像文中一样，如果是孩子们自己发明的智力题，他们会觉得非常有趣。

在"包糖果"一章中，还有一个划分自然数 n 的例子：题目的意义在于，找到能将 n 写成其他自然数之和的所有可能的方式。

排列组合

这是一个现代的数学分支，其优点是只使用自然数，且不需要大量的基础知识。而且，排列组合的问题往往以很有趣的谜题方式出现，即使是最没有学习动力的学生也会觉得很有趣。

能通过排列组合回答的三类主要问题，可以用以下这些简单例子表示。

问题 1：有三幅画，要把它们一幅接一幅地挂到墙上，可以用多少种方法？（排列）

问题 2：有五幅画，要从中选三幅一幅接一幅地挂到墙上，可以用多少种方法？（排列）

问题 3：要从五幅画中选择三幅画，不需要挂到墙上，可以用多少种方法选择？（组合或子集）

重要的是，孩子要知道如何区分这三种情况，使其成为接下来运算的参考依据。因此，找到许多可以看清它们之间相同点和不同点的例子是非常有用的，例如"我们的智力题小报""画小旗""四张墙报"等相关内容。如能达到这种能力水平，在小学就足够用了。

对指导孩子阅读的成年人来说，可能会用得上更深入一些的知识。有一些公式可以在回答问题 1、2、3 时有所帮助，这样就不必每次都列出所有的可能性。简单的树形图可以帮我们从上述三个问题中找到这些公式。

问题 1

代表最终解决方案的分支是 3×2×1=6。红色的分支代表了第一个钉子上的 3 种可能性，绿色代表了第二个钉子上的 2 种可能性，黑色的则代表了唯一剩下的黑色钉子上可以挂的画。假如是 4 幅画，则树形图最开始的分支是 4 个，然后分别是 3、2、1，而最终的分支数量是 4×3×2×1=24。

概括一下：如果画的数量是 n，则它们所有的排列方式是从 n 递减至 1，这 n 个数的乘积。这个乘积用符号 $n!$ 表示（读作 n 的阶乘，有 n 个因子）。感叹号突出了我们看到其结果随着 n 的增长而增长的惊奇。在"包糖果"一章里，小朋友想起了之前老师计算过的 22 个孩子换座位的可能方法的数值，他觉得结果令人难以置信。

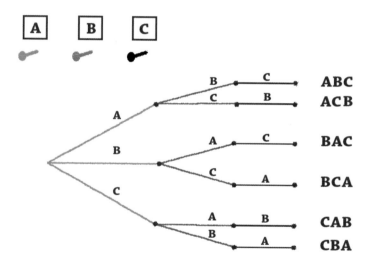

问题 2

仍然是树形图（见下页）给我们提供了问题 2 的解决方案：

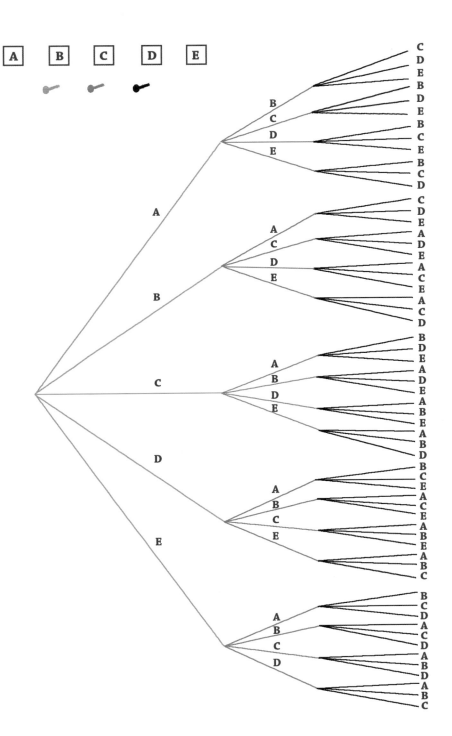

这里一共有 5×4×3=60 个分支。事实上，因为最初有 5 幅画，我们有 5 个分支作为第一幅画的选择，因为每个分支上现在只剩下 4 幅画，我们就有 4 个分支作为第二幅画的选择，最后，每个分支上就剩下 3 个分支作为第三幅画的选择。总共有 5×4×3 种不同的路径，即有 60 种从 5 幅画中选择 3 幅依次挂在墙上的不同组合方式。

概括一下：可以说 m 是画的总数，而 n 则是要选择并依次挂在墙上的画的数量，结果是从 m 开始依次递减的 n 个因子的乘积。

$$\underbrace{m \times (m-1) \times (m-2) \times \cdots}_{n\,项}$$

这个乘积用符号 $(m)_n$ 表示[1]。在"画小旗"一章结束时，孩子们计划从 6 种颜色中选择 3 种颜色来制作小旗子，所以这个数字应该是 $(6)_3 = 6×5×4 = 120$。

问题 3

这个问题问的是，从 5 幅画中选 3 幅一共有几种方式，如同我们在商店中买画一样。因此，这里要找出的，是从包含 5 幅画的集合中选择包含 3 幅画的所有可能的子集的数量。注意：在问

---

[1] 我们一般习惯用 P_n^m 表示，读作 Pmn。——译者注

题 2 中除了要选择 3 幅画外，还需要将其进行排列，总共有 60 种方式，而在这里是不需要进行排列的。

因此，我们必须把 60 除以 3 个对象的排列数，即 6。得到的结果 10，也就是从包含 5 幅画的集合中选择包含 3 幅画的子集的数量。

ABC, ABD, ABE, BCD, BCE, BDE, CDE, CDA, DEA, ACE

概括一下：如果 $(m)_n$ 是排列数，则

$$\frac{(m)_n}{n!}$$

是从包含 m 个对象的集合中选取的包含 n 个对象的子集。这个比值通常用符号 $\binom{m}{n}$ 表示（称为二项式系数）。塔尔塔利亚三角（参见《小小数学家的夏天》）中有它所有的数值。

在"画小旗"一章的例子中，我们看到从包含 4 支笔的集合中选择 3 支，一共有 4 种方法。如果愿意，可以通过上面的公式找到这个结果：

$$\frac{4 \times 3 \times 2}{3!} = \frac{4 \times 3 \times 2}{3 \times 2 \times 1} = 4$$

如果小朋友们想从装有 6 支笔的笔袋中选择 3 支，则一共有 20 种方式：

$$\frac{6 \times 5 \times 4}{3!} = \frac{6 \times 5 \times 4}{3 \times 2 \times 1} = 20$$

---

① 我们一般习惯用 C_n^m 表示，读作 Cmn。——译者注

笛卡儿积

下面是排列组合中的第四个有趣的问题：有 3 栋建筑物 P（1，2，3），每栋有 4 间公寓 A（1，2，3，4）。（2，3）这一对坐标代表的是位于建筑物 2 编号为 3 的公寓，不同于坐标为（3，2）的公寓，它是位于建筑物 3 编号为 2 的公寓。那么总共有多少间不同的公寓呢？答案是所有的坐标对：其第一个元素是 P（建筑物）集合的一个元素，而第二个元素是 A（公寓）集合的一个元素。这个列表为我们提供了所有的坐标对。

所有坐标的集合由 $P \times A$ 表示，称为 P 乘以 A 的笛卡儿积。

如果有两个地段 L（1，2），每个地段有 3 栋建筑物，每栋有 4 间公寓，则每间公寓都将通过 3 个一组的坐标被识别，其中第一个数字取自集合 L，第二个取自集合 P，而第三个取自集合

P ＼ A	1	2	3	4
1	1，1	1，2	1，3	1，4
2	2，1	2，2	2，3	2，4
3	3，1	3，2	3，3	3，4

A。因此，三维列表或"彩色印章"一章的树形图中列出的 3 个一组的坐标组，一共是 2×3×4 = 24 个。

概括一下：如果集合的数量多于三个，例如集合数量是 *n*，则多元组坐标的数量就由 *n* 个集合的基数的乘积决定（集合的基数就是其所含元素的数量）。

建议使用表格（如果可能的话）或树形图进行多元组的练习。这样有利于训练关于问题的"几何"思维，有利于拓宽对于问题的理解。

逻辑

自亚里士多德创立传统逻辑以来，二元逻辑一直是一门研究推理正确性的科学。它涉及的是客观命题，并存在一个标准，通过这个标准可以判断这些命题的真伪（没有第三种可能性）。在推理中，简单的命题是通过诸如"与""或""如果……那么……""非"等逻辑联结词构成的，并由此分别产生了合取、析取、蕴涵和否定这几个逻辑运算。

重要的是，在不需要推理图示的情况下，即使是小学生，也可以通过具体情况，熟悉联结词的正确使用方法，如"马尔科跟卢卡哪里不一样？""友谊的特质""哪天买玩具更划算？""会员卡"等章中出现的例子。

"如果……那么……"这个联结词是最难的。事实上，它常常是产生误解的原因，如"一场足球引发的争吵"一章中的例子。在 4 种可能的情况中，只有在"C. 有太阳，马蒂亚没有给你打电话"的情况下，才算是马蒂亚食言。实际上正是这个真值表在控制蕴涵逻辑运算。

如果假，那么假 = 真

如果假，那么真 = 真

如果真，那么假 = 假

如果真，那么真 = 真

在"假如你是一条生活在水里的鱼"一章中，我展示了如何从一个蕴涵式"如果 A 那么 B"——其中 A 和 B 都是命题，衍生出其他 3 个蕴涵式：

如果 A，那么 B	**直接式**
如果 B，那么 A	**逆向式**
如果不是 A，那么不是 B	**相反式**
如果不是 B，那么不是 A	**逆向相反式**

如果直接式是真，那么逆向相反式也是真，所以这两个表达式是等效的。这是一个非常有用的练习，可以用孩子熟悉的表达方式来完成，以帮助他们更好地理解蕴涵的本质。

通过与超市相关的两章的例子，很容易就能理解联结词"或"及"与"的不同行为。

联结词"或"的意思是"一个或另一个或两者都是"，所以，只要两个命题中的一个是真，结果就是真。

（实际上，只有在不是周六或者不是一个月的最后一天的时候，才没有打折。）

以下是存在的 4 种情况：

假或假 = 假

假或真 = 真

真或假 = 真

真或真 = 真

相反，联结词"与"是只有在两个命题都是真的情况下，结果才会是真。就如同"真理就是全部或者完全没有真理"这句话一样。（实际上，只有在每月的最后一天，同时还持有超过 100 个积分的会员卡时，才有打折。）

假与假 = 假

假与真 = 假

真与假 = 假

真与真 = 真

联结词"非"是唯一只有一个命题的运算，它可以将假变成真而真变成假。

非假＝真

非真＝假

（在自动化命题演算中，用符号 1 来关联真命题，用符号 0 关联假命题；联结词则由以下符号表示：∨（或），∧（与），→（如果……那么……），冖（非），以及用大写字母来表示命题。因此下面这个表达式

$$((A \lor B) \land \neg C) \rightarrow D,$$

$$且 A = 0, B = 1, C = 0, D = 1$$

将自动给出结果 1。